Bathula Siva Kumar Reddy

Implementação de USART usando Verilog com Cypress-II

Bathula Siva Kumar Reddy

Implementação de USART usando Verilog com Cypress-II

ScienciaScripts

Imprint

Cover image: www.ingimage.com

This book is a translation from the original published under ISBN 978-3-659-83144-7.

Publisher:
Sciencia Scripts
is a trademark of
Dodo Books Indian Ocean Ltd. and OmniScriptum S.R.L publishing group

120 High Road, East Finchley, London, N2 9ED, United Kingdom
Str. Armeneasca 28/1, office 1, Chisinau MD-2012, Republic of Moldova, Europe
Printed at: see last page
ISBN: 978-620-8-28311-7

Índice:

****
Dedicado à minha querida mãe

A falecida Sra. B. Shamala Reddy

e à minha família

****

RESUMO

Esta tese apresenta uma implementação da Universal Synchronous Asynchronous Receive Transmit (USART) numa placa FPGA utilizando VERILOG para utilização em sistemas embebidos e System on Chip (SOC). O projeto utiliza a linguagem de descrição de hardware (HDL) para descrever o funcionamento, facilitar a implementação e permitir a utilização em várias plataformas. As USART funcionam como conversores paralelo-série no lado do transmissor, onde os dados são transmitidos como bits individuais de forma sequencial; no lado do recetor, as USART reúnem os bits em dados completos e, assim, actuam como série para indicar que se perderam no lado do recetor porque a memória intermédia interna de receção está cheia.

Esta tese descreve a interface de comunicação série USART. Tem duas funções implementadas, para permitir que a comunicação em série funcione de diferentes formas. A primeira função é o conhecido protocolo de comunicação assíncrona UART; a segunda função é a função de interface periférica série SPI, também muito utilizada. Mesmo que todo o hardware seja utilizado em comum para ambas as funções, é descrito especificamente para a função finalmente escolhida, no ambiente de aplicação que é normalmente definido como UART ou SPI. No entanto, com uma conceção adequada de software e hardware, ambas as funções podem ser utilizadas, uma após a outra. Um bit no registo de controlo define se o módulo funciona como UART ou SPI.

CAPÍTULO-1
INTRODUÇÃO

O módulo Universal Synchronous Asynchronous Receiver Transmitter (USART) é um dos dois módulos de E/S em série (o outro é o módulo SSP) [1]. A USART é também conhecida como Interface de Comunicações Seriais ou SCI. A USART pode ser configurada como um sistema assíncrono full duplex que pode comunicar com dispositivos periféricos tais como terminais CRT e computadores pessoais, ou pode ser configurada como um sistema síncrono half duplex que pode comunicar com dispositivos periféricos tais como circuitos integrados A/D ou D/A, EEPROMs série, etc.

A USART pode ser configurada nos seguintes modos:

- Assíncrono (full duplex)
- Síncrono - Mestre (half duplex)
- Síncrono - Escravo (half duplex)

O bit SPEN (RCSTA<7>), e os bits TRIS, devem ser definidos para configurar os pinos TX/CK e RX/DT para a USART [2] - [6].

CAPÍTULO 2

Registos de controlo

2.1 TXSTA: Registo de controlo e estado da transmissão:

R/W-D	R/W-Q	FW/-0	R/W-D	U-0	R/W-D	R-1	R/W-0
CSRC	TX9	TXEN	SINCRONI ZAÇÃO	-	BRGH	TRMT	TX9D
bit 7							bit 0

2.2

Bit 7 **CSRC:** Bit de seleção da fonte de relógio

Modo assíncrono: Não importa

Modo síncrono:

1 = Modo principal (relógio gerado internamente a partir de BRG)

0 = Modo escravo (Relógio de fonte externa)

Bit 6 **TX9**: Bit de habilitação de transmissão de 9 bits

1 = Seleciona a transmissão de 9 bits

0 = Seleciona a transmissão de 8 bits

Bit 5 **TXEN**: Bit de habilitação de transmissão

1 = Transmissão activada

0 = Transmissão desactivada

Nota: SREN/CREN sobrepõe-se a TXEN no modo SYNC.

Bit 4 **SYNC**: Bit de seleção do modo USART

1 = Modo síncrono

0 = Modo assíncrono

Bit 3 **Não implementado:** Lido como '0'

Bit 2 **BRGH**: Bit de seleção de taxa de transmissão alta

Modo assíncrono

1 = Alta velocidade

0 = Velocidade baixa

Modo síncrono: Não utilizado neste modo

Bit 1 **TRMT**: Bit de estado do Registo de Desvio de Transmissão

1 = TSR vazio

0 = TSR cheio

Bit 0 **TX9D:** 9º bit de dados de transmissão. Pode ser um bit de paridade. Legenda

R = Bit de leitura W = Bit de escrita

U = Bit não implementado, lido como "O" - n = Valor na reposição POR

2.2 RCSTA: Registo de controlo e estado de receção:

R/W-0	R/W-0	R/W-0	R/W-0	U-0	R-0	R-0	R-0
SPEN	RX9	SR PT	CREN	-	FERR	OERR	RX9D
pouco?							brt 0

Bit 7 **SPEN:** Bit de ativação da porta série

1 = Porta série activada (Configura os pinos RX/DT e TX/CK como pinos da porta série)

0 = Porta série desactivada

Bit 6 **RX9**: Bit de ativação de receção de 9 bits

1 = Seleciona a receção de 9 bits

0 = Seleciona a receção de 8 bits

Bit 5 **SREN**: Bit de ativação de receção única

Modo assíncrono: Não importa

Modo síncrono - mestre

1 = Ativa a receção única

0 = Desactiva a receção única

Este bit é apagado após a receção estar concluída.

Modo síncrono - escravo: Não utilizado neste modo

Bit 4 **CREN**: Bit de ativação de receção contínua

Modo assíncrono

1 = Ativa a receção contínua

0 = Desactiva a receção contínua

Modo síncrono

1 = Ativa a receção contínua até que o bit de ativação CREN seja apagado (CREN sobrepõe-se a SREN)

0 = Desactiva a receção contínua

Bit 3 **Não implementado:** Lido como '0'

Bit 2 **FERR**: Bit de erro de enquadramento

1 = Erro de enquadramento (pode ser atualizado lendo o registo RCREG e recebendo o próximo byte válido)

0 = Nenhum erro de enquadramento

Bit 1 **OERR**: Bit de erro de ultrapassagem

1 = Erro de excesso (pode ser eliminado limpando o bit CREN)

0 = Não há erro de excesso

Bit 0 **RX9D:** O 9º bit dos dados recebidos pode ser um bit de paridade.

Legenda
R = Bit de leitura W = Bit de escrita
U = Bit não implementado, lido como "0" - n = Valor na reposição POR

<u>2.3 Gerador de taxa de baud USARTBaud (BRG):</u>

O BRG suporta os modos assíncrono e síncrono da USART. É um gerador de taxa de transmissão de 8 bits dedicado.

O registo SPBRG controla o período de um temporizador de 8 bits de funcionamento livre.

No modo assíncrono, o bit BRGH (TXSTA<2>) também controla a taxa de transmissão.

No modo síncrono, o bit BRGH é ignorado.

A Tabela 1 apresenta a fórmula para o cálculo da taxa de transmissão para diferentes modos USART, que só se aplica no modo mestre (relógio interno) [7].

Dada a taxa de baud desejada e Fosc, o valor inteiro mais próximo para o registo SPBRG pode ser calculado usando a fórmula na Tabela 1, onde X é igual ao valor no registo SPBRG (0 a255).

A partir daí, é possível determinar o erro na taxa de baud.

Tabela: 2.1 Fórmula da taxa de transmissão:

SINCRONIZAÇÃO	BRGH = 0 (Velocidade baixa)	BRGH = 1 (Alta velocidade)
0	(Assíncrono) Taxa de transmissão = Fosc/(64(X-f-1))	Taxa de transmissão= Fosc/(16(X+ 1))
i	(Síncrono) Taxa de transmissão = Fosc/(4(X+1))	NA

X = valor em SPBRG (0 a 255)

O exemplo 1 mostra o cálculo do erro da taxa de transmissão para as seguintes condições [8]:

FOSC = 16 MHz

Taxa de transmissão desejada = 9600

BRGH = 0

SYNC = 0

Exemplo 1: Cálculo do erro de taxa de transmissão

Taxa de rand desejado	=	Fose / (64 (X + 1))
9600	=	16000000 / (64 (X - 1))
X	=	1.25.042 J = 25
Taxa de banda calculada	=	16000000/(64(25 + 1)}
	=	9615
Erro	=	(Taxa de baud **calculada** - Taxa de baud desejada) Taxa de banda desejada
	=	(9615 - 9600} / 9600
	=	0.16%

Pode ser vantajoso utilizar a velocidade de transmissão elevada (BRGH = 1) mesmo para relógios de transmissão mais lentos.

Isto deve-se ao facto de a equação FOSC / (16(X + 1)) poder reduzir o erro da velocidade de transmissão em alguns casos.

Escrever um novo valor no registo SPBRG faz com que o temporizador BRG seja reiniciado (ou apagado).

Isto assegura que o BRG não espera por um estouro do temporizador antes de emitir a nova taxa de transmissão.

Tabela 2. 2: Registos associados ao gerador de taxa de transmissão:

Nome	Bit?	Bit 6	Bit 5	Bit 4	Bit 3	Bit 2	Bit 1	Bit 0	Valor em: PGR, BOR	Valor em todas as outras reposições
TXSTA	CSRC	TX9	ENTÃO	SINCRO	-	BRGH	TRMT	TX9D	0000 -010	0000 -010
RGSTA	SPEN	RX9	SREN	CREN	-	FERR	OERR	RX9D	0000 -OOx	0000 -OOx
SPBRG	Registo do gerador de taxa de baud								0000 0000	0000 0000

Legenda: x = desconhecido, - = não implementado, lido como "0". As células sombreadas não são utilizadas pelas ERS.

Tabela 2.3: Taxas de transmissão para o modo síncrono:

TAXA DE BAUD (Kbps)	FOSC = 20 MHz KBAUD	% ERRO	Valor SPBRG (decimal)	16 MHz KBAUD	% ERRO	Valor SPBRG (decimal)	10 MHz KBAUD	% ERRO	Valor SPBRG (decimal)	7,15909 MHz KBAUD	ERRO	Valor SPBRG (decimal)
0.3	NA	-	-	NA	-	-	HA	-	-	NA	-	-
1.2	NA	-	-	NA	-	-	KA	-	-	NA	-	-
2.4	NA	-	-	NA	-	-	NA	-	-	NA.	-	-
0.6	NA	-	-	NA	-	-	9.766	+ 1.73	255	9.622	+0.23	185
19.2	19.53	+1.73	255	19.23	+0.16	207	18.23	+0.16	129	19.24	+0.23	92
73.8	76.92	+0.16	04	76.92	*0.16	51	75.76	-1.36	32	77.82	+ 1.32	22
00	96.15	+0.16	51	95.24	-0.79	41	06.15	+0.16	25	94.20	-1.98	18
300	294.1	-11.96	16	307 69	+2.56	12	312.5	+4.17	7	298.3	-0.57	5
500	500	0	9	500	C	7	500	C	4	NA	-	-
ALTO	5000	-	0	4000	-	0	2500	-	0	1789.8	-	0

BAIXO	19.53	-	255	15.625	-	255	9.766	-	255	6.991	-	255

TAXA DE BAUD (Kbps)	FOSC = 5,0688 MHz			4 MHz			3,579545 MHz			1 MHz			32,768 kHz		
	KBAUD	ERRO	SPBRG (decimal)	KBAUD	ERRO	Valor SPBRG (decimal)	KBAUD	ERRO	Valor SPBRG (decimal)	KBAUo	ERRO	Valor SPBRG (decimal)	KBAUB	ERRO	Valor SPBRG (decimal)
D.3	NA	-	-	NA		-	NA	-	-	NA		-	0.303 1.14	+	26
1.2	NA	-	-	NA	-	-	NA	-	-	1.202	♦0.16	207	1.170 2.48	-	6
2.4	NA	-	-	NA	■	-	NA	-	-	2.404	+0.16	103	NA	-	-
9.6	5.6	0	131	9.615	+0.16	103	0.622	+0.23	92	9.615	+0.16	25	NA	-	-
10.2	10.2	0	65	19.231	+0.16	51	10.04	-0.83	46	19.24	♦0.16	12	NA	-	-
76.8	70.2	+3.13	15	76.023	+0.16	12	74.57	-2.9D	11	83 34	+8.51	2	NA	-	-
53	07.48	+1.54	12	1000	+4.17	9	00.43	+3.57	8	NA	-	-	A-	N	-
300	316.8	+5.6 D	3	NA	■	-	208.3	-0.57	2	NA	■	-	NA	-	-
500	NA	-	-	NA	-	-	NA	-	-	NA	-	-	NA	-	-
ALTO	1267	-	0	100	-	O	894.0	-	0	250	-	0	8. 2-		190
BAIXO	4.050	-	255	3.906	■	255	3.496	-	255	0.9766	■	255	0.032	-	255

Tabela 2.4: Taxas de transmissão para o modo assíncrono (BRGH = 0):

TAXA DE BAUD (Kbps)	FOSC = 20 MHz			16 MHz			10 MHz			7,15909 MHz		
	KBAUD	% ERRO	Valor SPBRG (decimal)	KBAUD	%	Valor SPBRG (decimal)	KBAUD	% ERRO	Valor SPBRG (decimal)	KBAUD	% ERRO	Valor SPBRG (decimal)

					ERRO							
0.3	NA	-		NA	-	-	NA		-	NA		-
1.2	1.221	+1.73	255	1.202	+0.16	307	1.202	+0.18	126	1203	+0.23	92
2.4	2.404	+0.16	129	2.404	+0.16	103	2.404	+0.16	34	2.380	-0.83	48
9.6	9.469	-1.30	32	9.615	+0.16	25	9.786	+1.73	15	9.322	-2.90	11
19.2	19.53	+1.73	15	19.23	+0.16	12	19.53	+1.73	7	18.64	-2.90	5
76.8	70.13	+1.73	:?	83.33	+8.51	2	78.13	+1.73		NA	-	-
96	104.2	+0.51	2	NA	-	-	NA	-	-	NA	-	-
300	312.5	+4.17	0	NA	-	-	NA	-	-	NA	-	-
500	NA	-	-	NA	-	-	NA	-	-	NA	-	-
ALTO	312.5	-	0	250	-	0	158.3	-	0	111.9	-	0
BAIXO	1.221	-	255	0.977	■	255	0.6104	-	255	0.437	-	255

Tabela 2.5: Taxas de transmissão para o modo assíncrono (BRGH = 1):

TAXA DE BAUD (Kbps)	FOSC = 5,0S88 MHz			4 MHz			3,579545 MHz			1 MHz			32,768 kHz		
	% ERRO KBAUD		SPBRG valor (decimal)	KBAUD	% ERRO	Valor SPBRG (decimal)	KBAUD	% ERRO	Valor SPBRG (decimal)	KBAUD	% ERRO	Valor SPBRG (decimal)	KBAUD	ERRO	Valor SPBRG (decimal)
0.3	0.31	+3.13	255	0.3005	-0.17	207	0.301	+0.23	1B5	0.300	+0.16	51	0.256	-14.67	1
1.2	1.2	c	65	1.202	+1.67	51	1.190	-0.83	43	1.202	+0.16	12	NA	-	-
2.4	24	0	32	2.404	+1.67	25	2.432	+1.32	22	2.232	-6.99	6	NA	-	-

9.6	9.9	+3.13	7	KA	-	-	9.322	-2.90	5	NA	-	-	NA	-	-
19.2	19.8	+3.13	3	KA	-	-	18.64	-2.90	2	NA	-	-	NA	-	-
76.8	79.2	+3.13	0	KA	-	-	KA	-	-	NA	-	-	NA	-	-
&3	NA	-	-	KA	-	-	KA	-	-	NA	-	-	NA	-	-
300	NA	-	-	KA	-	-	KA	-	-	NA	-	-	NA	-	-
500	NA	-	-	KA	-	-	KA	-	-	NA	-	-	NA	-	-
ALTO	79.2	-	0	62.500	-	0	55.93	-	0	15.63	-	0	0.512	-	0
BAIXO	0.3094	-	255	3.906	-	255	0.2185	-	255	0.0610	-	255	0.0020	-	255

TAXA DE ÁUDIO (Kbps")	Fose = 20 MHz			16 MHz			10 MHz			7,15909 MHz		
	KBAUD	% ERRO	Valor SPBRG (decimal)	KBAUD	% ERRO	Valor SPBRG (decimal)	KBAUD	% ERRO	Valor SPBRG (decimal)	KBAUD	% ERRO	Valor SPBRG (decimal)
9.Ô	0.615	+0.16	120	9.615	+0.16	103	9.615	+0.16	64	9.520	-0.83	46
19.2	19230	+0.16	64	19.230	+0.16	51	18.939	-1.36	32	19.454	+1.32	22
33.4	37.878	-1.36	32	38.461	+0.16	25	39.062	+1.7	15	37.286	-2.90	11
57.6	56.818	-1.36	21	58.823	+2.12	13	56.818	-1.36	10	55.930	-2.90	7
115.2	113.636	-1.36	10	111.111	-3.55	B	125	+8.51	4	111.860	-2.90	3

2M	250	0	4	256	0	3	NA	-	-	NA	-	-
625	625	0	1	NA	-	-	t'2:	D	0	NA	-	-
1250	1250	0	0	NA	-	-	NA	-	-	NA	-	-

	FOSC = 5,0688 MHz			4 MHz			3,579545 MHz			1 MHz			32,768 kHz		
TAXA DE BAUD (Kbps)	KBAUD	% ERRO	Valor SPBRG (decimal)	KBAUD	% ERRO	Valor SPBRG (decimal)	KBAUD	% ERRO	Valor SPBRG (decimal)	KBAUD	% ERRO	Valor SPBRG (decimal	KBAUD	% ERRO	Valor SPBRG (decimal)
9.6	9.6	0	32	NA		-	9.727	+ 1.32	22	8.928	-6.99	6	NA		
W.2	18.645	-2.04	16	1.202	+0.17	207	18.643	-2.90	11	20.833	+8.51	2	NA		
38.4	39.6	+3.12	7	2.403	+0.13	103	37.286	-2.90	5	31.25	-18.61	1	NA	-	
57.6	52.8	■8.33	5	9.615	+0.16	25	55.930	-2.90	3	e: 5	+8.51	0	NA		
115.2	105 6	-8.33	2	19.231	+0 16	12	111.860	-2.90	1	NA	-	-	NA		
250	NA	■	-	NA		-	223.721	-10.51	0	NA	-	-	NA	■	
625	NA	-	-	NA		-	NA	-	-	NA	-	-	NA	-	
1250	NA	-	-	NA		-	NA	-	-	NA	-	-	NA	-	

CAPÍTULO 3
Modo assíncrono USART

Neste modo, a USART utiliza o formato standard sem retorno a zero (NRZ) (um bit de arranque, oito ou nove bits de dados e um bit de paragem). O formato de dados mais comum é o de 8 bits. Um gerador de taxa de transmissão de 8 bits dedicado no chip pode ser utilizado para derivar frequências de taxa de transmissão padrão do oscilador. A USART transmite e recebe o LSb primeiro. O transmissor e o recetor da USART são funcionalmente independentes, mas usam o mesmo formato de dados e taxa de transmissão. O gerador de taxa de baud produz um relógio x16 ou x64 da taxa de deslocamento de bit, dependendo do bit BRGH (TXSTA<2>). A paridade não é suportada pelo hardware, mas pode ser implementada em software (armazenada como o nono bit de dados). O modo assíncrono é interrompido durante SLEEP. O modo assíncrono é selecionado eliminando o bit SYNC (TXSTA<4>).

O módulo assíncrono USART é constituído pelos seguintes elementos importantes:

- Gerador de taxa de transmissão
- Circuito de amostragem
- Transmissor assíncrono
- Recetor assíncrono

3.1 Transmissor síncrono USARTA:

O diagrama de blocos do transmissor USART é apresentado na Figura 1. O coração do transmissor é o registo de deslocação (série) de transmissão (TSR). O registo de deslocamento obtém os seus dados a partir do buffer de transmissão de leitura/escrita, TXREG. O registo TXREG é carregado com dados em software [9][11]. O registo TSR não é carregado até que o bit STOP tenha sido transmitido a partir da carga anterior. Assim que o bit STOP é transmitido, o TSR é carregado com novos dados do registo TXREG (se disponível). Uma vez que o registo TXREG transfere os dados para o registo TSR (ocorre num TCY), o registo TXREG fica vazio e o bit de sinalização TXIF é definido. Esta interrupção pode ser activada/desactivada definindo/apagando o bit de ativação TXIE. O bit de sinalização TXIF será definido independentemente do estado do bit de ativação TXIE e não pode ser apagado por software. Só será reposto quando forem carregados novos dados no registo TXREG. Enquanto o bit de sinalização TXIF indicava o estado do registo TXREG, o bit TRMT (TXSTA<1>) mostra o estado do registo TSR. O bit de estado TRMT é um bit só de leitura que é definido quando o registo TSR está vazio. Não está ligada a este bit qualquer lógica de interrupção, pelo que o utilizador tem de sondar este bit para determinar se o registo TSR está vazio.

Nota 1: O registo TSR não está mapeado na memória de dados, pelo que não está disponível para o utilizador.

Nota 2: Quando o bit TXEN é definido, o bit de sinalização TXIF também será definido, uma vez que o buffer de transmissão ainda não está cheio (ainda é possível mover os dados de transmissão para o registo TXREG).

A transmissão é activada definindo o bit de ativação TXEN (TXSTA<5>). A transmissão real não ocorrerá até que o registo TXREG tenha sido carregado com dados e o gerador de taxa de transmissão (BRG) tenha produzido um relógio de deslocamento (Figura -3.1). A transmissão também pode ser iniciada carregando primeiro o registo TXREG e depois definindo o bit de ativação TXEN. Normalmente, quando a transmissão é iniciada pela primeira vez, o registo TSR está vazio, pelo que uma transferência para o registo TXREG resultará numa transferência imediata para o TSR, dando origem a um TXREG vazio. É assim possível uma transferência back-to-back (Figura -3.3). Limpar o bit de ativação TXEN durante uma transmissão fará com que a transmissão seja abortada e reiniciará o transmissor. Como resultado, o pino TX/CK voltará a ser de alta impedância. Para selecionar a transmissão de 9 bits, o bit de transmissão, TX9 (TXSTA<6>), deve ser definido e o nono bit deve ser escrito no bit TX9D (TXSTA<0>). O nono bit deve ser escrito antes de escrever os dados de 8 bits no registo TXREG. Isto porque uma escrita de dados no registo TXREG pode resultar numa transferência imediata dos dados para o registo TSR (se o TSR estiver vazio). Nesse caso, um nono bit de dados incorreto pode ser carregado no registo TSR.

Figura 3.1: Diagrama de blocos de transmissão USART:

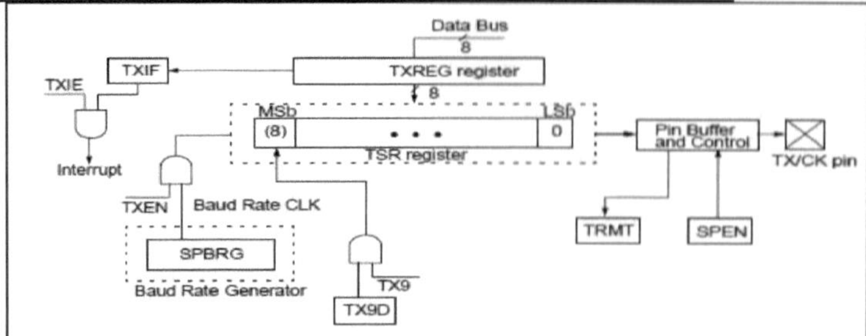

Passos a seguir para configurar uma transmissão assíncrona:

1. Inicializar o registo SPBRG para a taxa de transmissão apropriada. Se for desejada uma taxa de transmissão de alta velocidade, defina o bit BRGH. (**"Gerador de**

Taxa de Baud USART (BRG)")

2. Ativar a porta série assíncrona eliminando o bit SYNC e definindo o bit SPEN.
3. Se forem desejadas interrupções, defina os bits TXIE, GIE e PEIE.
4. Se se pretender uma transmissão de 9 bits, definir o bit TX9.
5. Ativar a transmissão definindo o bit TXEN, que também definirá o bit TXIF.
6. Se for selecionada a transmissão de 9 bits, o nono bit deve ser carregado no bit TX9D.
7. Carregar dados para o registo TXREG (inicia a transmissão).

Figura 3.2: Transmissão assíncrona do mestre:

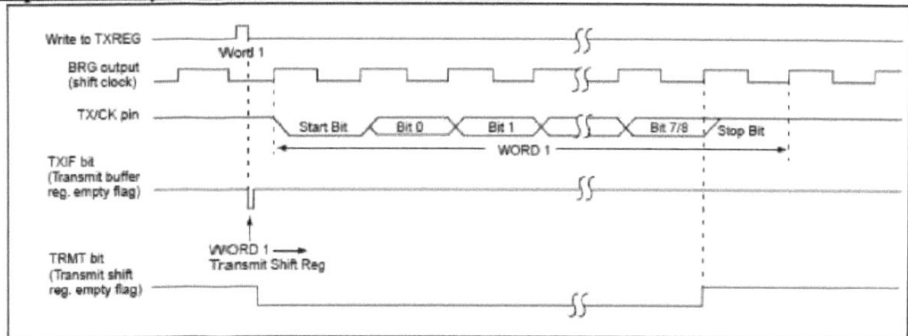

Figura 3.3: Transmissão assíncrona de mestre (costas com costas):

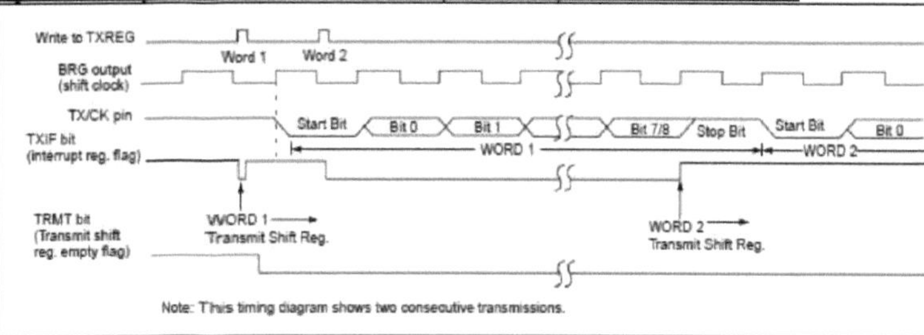

Tabela 3.1: Registos associados à transmissão assíncrona:

Nome	Bit 7	Bit 6	Bit 5	Bit 4	Bit 3	Bit 2	Bit 1	BitO	Valor em: POR, BOR	Valor em todas as outras Reposições
PIR				TXIF "t					0	0

RCSTA	SPEN	RX9	SREN	OREN	-	FERR	OERR	RX9D	0000 -OOx	0000 -OOX
TXREG	TX7	TX6	TX5	TX4	TX3	TX2	TXI	TXO	0000 0000	0000 0000
PIE				TXI E⁽¹⁾					0	0
TXSTA	CSRC	TX9	TXEN	SINCRONIZAÇÃO	-	BRGH	TRMT	TX9D	0000 -010	0000 -010
SPBRG	Gerador de taxa de transmissão Registe			r					0000 0000	0000 0000

Legenda: x = desconhecido, - = localizações não implementadas lidas como "0". As células sombreadas não são utilizadas para a transmissão assíncrona Nota 1: A posição deste bit depende do dispositivo.

3.3 Recetor assíncrono USART:

O diagrama de blocos do recetor é apresentado na Figura 3.4. Os dados são recebidos no pino RX/DT e accionam o bloco de recuperação de dados. O bloco de recuperação de dados é, na verdade, um deslocador de alta velocidade que funciona a 16 vezes a taxa de transmissão, enquanto o deslocador de série de receção principal funciona à taxa de bits ou a FOSC. Uma vez selecionado o modo assíncrono, a receção é activada através da definição do bit CREN (RCSTA<4>). O coração do recetor é o registo de deslocação (série) de receção (RSR). Após a amostragem do pino RX/TX para o bit STOP, os dados recebidos no RSR são transferidos para o registo RCREG (se estiver vazio). Se a transferência estiver completa, o bit de sinalização RCIF é definido. A interrupção efectiva pode ser activada/desactivada definindo/apagando o bit de ativação RCIE. O bit de sinalização RCIF é um bit só de leitura que é apagado pelo hardware. É apagado quando o registo RCREG tiver sido lido e estiver vazio. O RCREG é um registo de buffer duplo, ou seja, é um FIFO de duas profundidades. É possível que dois bytes de dados sejam recebidos e transferidos para o RCREG FIFO e que um terceiro byte comece a passar para o registo RSR. Na deteção do bit STOP do terceiro byte, se o registo RCREG ainda estiver cheio, o bit de erro de overrun, OERR (RCSTA<1>), será definido. A palavra no RSR será perdida. O registo RCREG pode ser lido duas vezes para recuperar os dois bytes no FIFO. O bit OERR tem de ser apagado por software.

Isto é feito reiniciando a lógica de receção (o bit CREN é apagado e depois ativado).

Se o bit OERR estiver definido, as transferências do registo RSR para o registo RCREG são inibidas, pelo que é essencial limpar o bit OERR se estiver definido. O bit de erro de enquadramento, FERR (RCSTA<2>), é definido se um bit de paragem for detectado como um nível baixo. O bit FERR e o 9º bit de receção são armazenados em buffer da mesma forma que os dados de receção. A leitura do RCREG carregará os bits RX9D e FERR com novos valores, pelo que é essencial que o utilizador leia o registo RCSTA antes de ler o registo RCREG seguinte para não perder a informação antiga (anterior) nos bits FERR e RX9D.

Figura 3.4: Diagrama de blocos de receção USARTR:

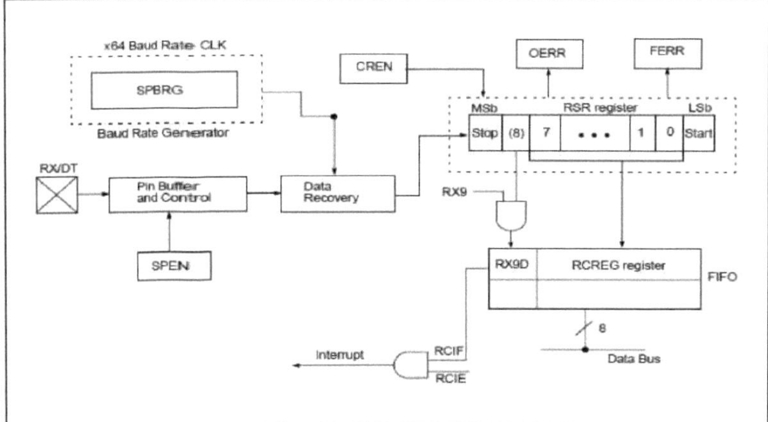

Passos a seguir para configurar uma receção assíncrona:

1. Inicializar o registo SPBRG para a taxa de baud apropriada. Se for desejada uma taxa de transmissão de alta velocidade, defina o bit BRGH. (Subsecção **3 "Gerador de Taxa de Baud USART (BRG)"**).
2. Ativar a porta série assíncrona eliminando o bit SYNC e definindo o bit SPEN.
3. Se forem desejadas interrupções, defina os bits RCIE, GIE e PEIE.
4. Se se pretender uma receção de 9 bits, definir o bit RX9.
5. Ativar a receção definindo o bit CREN.
6. O bit de sinalização RCIF será definido quando a receção estiver concluída e será gerada uma interrupção se o bit RCIE estiver definido.

7. Ler o registo RCSTA para obter o nono bit (se ativado) e determinar se ocorreu algum erro durante a receção.
8. Ler os dados recebidos de 8 bits através da leitura do registo RCREG.
9. Se tiver ocorrido algum erro, elimine o erro apagando o bit CREN.

Figura 3.5 Receção assíncrona:

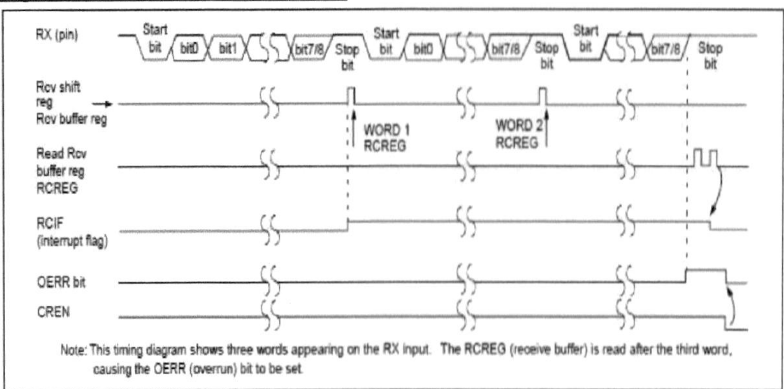

CAPÍTULO-4
AMOSTRAGEM

Os dados no pino RX/DT são amostrados três vezes por um circuito de deteção de maioria para determinar se um nível alto ou baixo está presente no pino RX. A figura 5.1 mostra a forma de onda do circuito de amostragem. A amostragem funciona da mesma forma, independentemente do estado do bit BRGH, apenas a fonte do relógio x16 é diferente [13], [14].

Figura 5.1: Esquema de amostragem do pino RX, BRGH = 0 ou BRGH = 1:

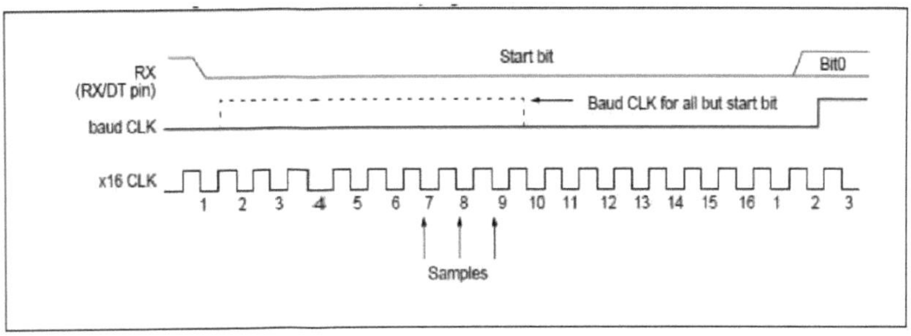

Excepções de dispositivos:

Todos os novos dispositivos utilizarão o sistema de amostragem indicado na figura 5.1.
Os dispositivos que têm uma exceção ao regime de amostragem acima referido são:

- PIC16C63
- PIC16C65
- PIC16C65A
- PIC16C73
- PIC16C73A
- PIC16C74
- PIC16C74A

Estes dispositivos têm um circuito de amostragem que funciona da seguinte forma. Se o bit BRGH (TXSTA<2>) estiver desmarcado (ou seja, nas taxas de baud baixas), a amostragem é feita na sétima, oitava e nona bordas de descida de um relógio x16 . Se o bit BRGH estiver definido (ou seja, nas taxas de transmissão elevadas), a amostragem é efectuada nos 3 bordos de relógio que precedem o segundo bordo de subida após o primeiro bordo de descida de um relógio x4 .

Figura 5.2 Esquema de amostragem do pino RX (BRGH = 0):

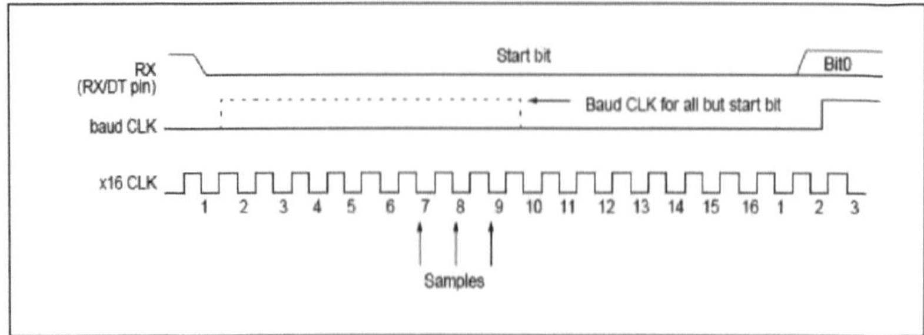

Figura 5.3 Esquema de amostragem do pino RX (BRGH = 1):

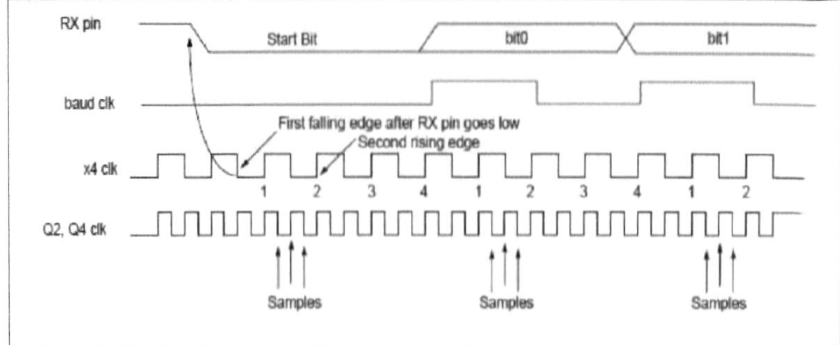

Figura 5.4 Esquema de amostragem do pino RX (BRGH = 1):

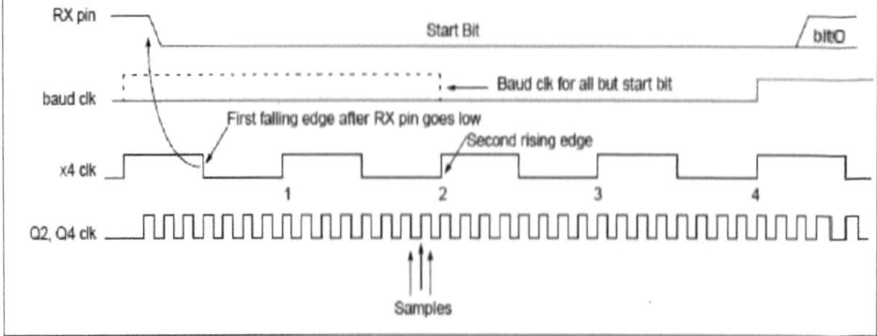

Tabela 5.1: Registos associados à receção assíncrona:

Nome	Bit?	Bit 6	Bit5	Bit 4	Bit 3	Bit 2	Bit 1	Bit (I	Valor em: POR, BOR	Valor em todas as outras Reposições
PIR	RCIF[1]								0	0
RCSTA	SPEN	RX9	SREN	CREN	-	FERR	OERR	RX9D	0000 -OOx	0000 -OOx

RCREG	RX7	RX6	RX5	RX4	RX3	RX2	RX1	RXO	0000 0000	0000 0000
PIE	RCIE <1>								0	0
TXSTA	CSRC	TX9	TXEN	SINCRONIZAÇÃO	-	BRGH	TRMT	TX9D	0000 -010	0000 -010
SPBRG	Registo do gerador de taxa de baud								0000 0000	0000 0000

Legenda: x = desconhecido, - = localizações não implementadas lidas como "0".
As células sombreadas não são utilizadas para a Receção Assíncrona.
Nota 1: A posição deste bit depende do dispositivo.

CAPÍTULO-5

Modo mestre síncrono USART

No modo Synchronous Master, os dados são transmitidos de forma half-duplex, ou seja, a transmissão e a receção não ocorrem ao mesmo tempo. Durante a transmissão de dados, a receção é inibida e vice-versa. O modo síncrono é ativado através da definição do bit SYNC (TXSTA<4>). Além disso, o bit de ativação SPEN (RCSTA<7>) é definido de modo a configurar os pinos de E/S TX/CK e RX/DT para as linhas CK (relógio) e DT (dados), respetivamente. O modo Master indica que o processador transmite o relógio master na linha CK. O modo Master é ativado através da definição do bit CSRC (TXSTA<7>).

5.1 Transmissão mestre síncrona USARTS:

O diagrama de blocos do transmissor USART é apresentado na Figura 1. O coração do transmissor é o registo de deslocação (série) de transmissão (TSR). O registo de deslocação obtém os seus dados a partir do registo buffer de transmissão de leitura/escrita TXREG. O registo TXREG é carregado com dados em software. O registo TSR não é carregado até que o último bit tenha sido transmitido a partir da carga anterior. Assim que o último bit é transmitido, o TSR é carregado com novos dados do TXREG (se disponível). Quando o registo TXREG transfere os dados para o registo TSR (ocorre num ciclo T), o TXREG fica vazio e o bit de sinalização de interrupção TXIF é definido. A interrupção pode ser activada/desactivada através da ativação/desativação do bit TXIE. O bit de sinalização TXIF será definido independentemente do estado do bit de ativação TXIE e não pode ser apagado por software. Só será reposto quando forem carregados novos dados no registo TXREG. Enquanto o bit de sinalização TXIF indica o estado do registo TXREG, o bit TRMT (TXSTA<1>) mostra o estado do registo TSR. O bit TRMT é um bit só de leitura que é definido quando o TSR está vazio. Não está ligada a este bit qualquer lógica de interrupção, pelo que o utilizador tem de sondar este bit para determinar se o registo TSR está vazio. O TSR não está mapeado na memória de dados, pelo que não está disponível para o utilizador. A transmissão é activada através da definição do bit TXEN (TXSTA<5>). A transmissão real não ocorrerá até que o registo TXREG tenha sido carregado com dados.

O primeiro bit de dados será deslocado para fora na próxima borda ascendente disponível do relógio na linha CK. A saída de dados é estável na borda descendente do relógio síncrono (Figura 10). A transmissão também pode ser iniciada carregando primeiro o registo TXREG e depois definindo o bit TXEN. Isto é vantajoso quando são selecionadas taxas de transmissão lentas, uma vez que o BRG é mantido em reset quando os bits TXEN, CREN e SREN estão limpos. A definição do bit TXEN iniciará o BRG, criando um relógio de deslocamento imediatamente. Normalmente, quando a transmissão é iniciada pela primeira vez, o registo TSR está vazio, pelo que uma transferência para o registo TXREG resultará numa transferência imediata para o TSR, resultando num TXREG vazio. São possíveis transferências consecutivas. Limpar o bit TXEN durante uma transmissão fará com que a transmissão seja abortada e reiniciará o transmissor. Os pinos DT e CK reverterão para alta impedância. Se qualquer um dos bits CREN ou SREN for definido durante uma transmissão, a transmissão é abortada e o pino DT reverte para um estado de alta impedância (para uma receção). O pino CK continuará a ser uma saída se o bit CSRC estiver definido (relógio interno).

A lógica do transmissor não é reposta apesar de estar desligada dos pinos. Para reiniciar o transmissor, o utilizador tem de limpar o

Bit TXEN. Se o bit SREN estiver definido (para interromper uma transmissão em curso e receber uma única palavra), depois de a única palavra ser recebida, o bit SREN será apagado e a porta série voltará a transmitir, uma vez que o bit TXEN ainda está definido. A linha DT passará imediatamente do modo de receção de alta impedância para o modo de transmissão e começará a conduzir. Para evitar isto, o bit TXEN deve ser apagado. Para selecionar a transmissão de 9 bits, o bit TX9 (TXSTA<6>) deve ser definido e o nono bit deve ser escrito no bit TX9D (TXSTA<0>). O nono bit deve ser escrito antes de escrever os dados de 8 bits no registo TXREG. Isto porque uma escrita de dados no TXREG pode resultar numa transferência imediata dos dados para o registo TSR (se o TSR estiver vazio). Se o TSR estava vazio e o TXREG foi escrito antes de escrever o "novo" valor no bit TX9D, o valor "atual" do bit TX9D é carregado.

Passos a seguir na configuração de uma transmissão mestre síncrona:

1. Inicializar o registo SPBRG para a taxa de transmissão apropriada (Subsecção 3 **"Gerador de taxa de transmissão USART (BRG)"**).
2. Ativar a porta série mestre síncrona definindo os bits SYNC, SPEN e CSRC.

3. Se forem desejadas interrupções, definir o bit TXIE.
4. Se se pretender uma transmissão de 9 bits, definir o bit TX9.
5. Ativar a transmissão definindo o bit TXEN.
6. Se for selecionada a transmissão de 9 bits, o nono bit deve ser carregado no bit TX9D.
7. Iniciar a transmissão carregando dados para o registo TXREG.

Tabela 5.1 Registos associados ao mestre síncrono
Transmissão:

Nome	Bit 7	Bit 6	Bit 5	Bit 4	Bit 3	Bit 2	Bit 1	Bit (I	Valor em: POR, BOR	Valor em todas as outras Reposições
PIR	DflFt'l								0	0
RCSTA	SPEN	RX9	SREN	CREN	-	FERR	OERR	RX9D	0000 -OOx	0000 -OOx
TXREG	1X7	TX6	TX5	TX4	TX3	TX2	TX1	TXO	0000 0000	0000 0000
PIE	TXIE[1] >								Ö	0
TXSTA	CSRC	TX9	TXEN	SINCRONIZAÇÃO	-	BRGH	TRMT	TX9D	0000 -010	0000 -010
SPBRG	Registo do gerador de taxa de baud								0000 0000	0000 0000

Legenda: x = desconhecido, - = não implementado, lido como "0".
As células sombreadas não são utilizadas para a transmissão do mestre síncrono.
Nota 1: A posição deste bit depende do dispositivo.

Figura 5.1 Transmissão síncrona:

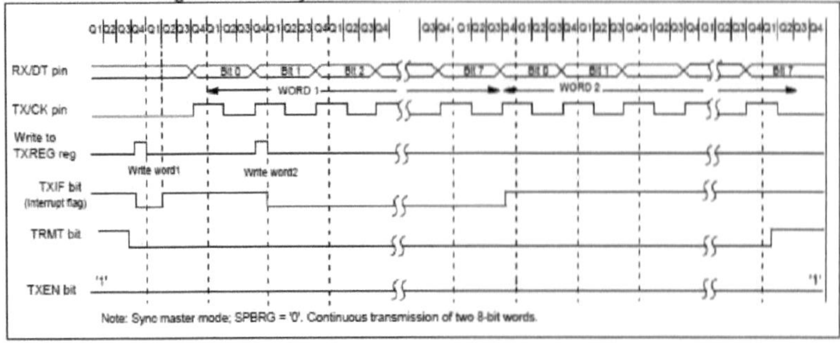

Figura 5.2: Transmissão síncrona (através de TXEN):

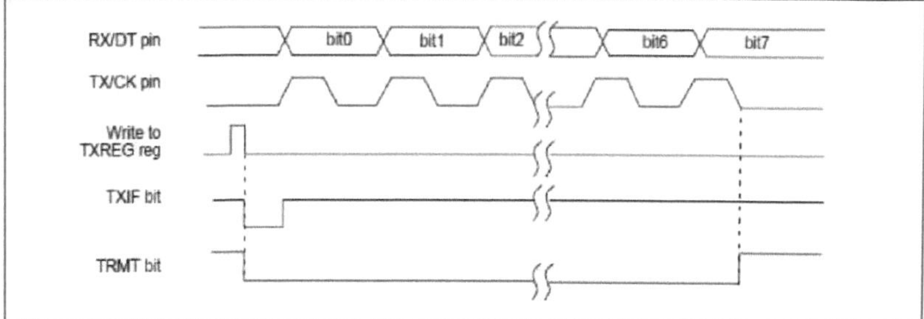

5.2 Receção do mestre síncrono USARTS:

Uma vez selecionado o modo síncrono, a receção é activada definindo um dos bits SREN (RCSTA<5>) ou CREN (RCSTA<4>). Os dados são amostrados no pino RX/DT na borda descendente do relógio. Se o bit SREN estiver definido, só é recebida uma única palavra. Se o bit CREN estiver definido, a receção é contínua até que o bit CREN seja eliminado. Se ambos os bits estiverem definidos, o bit CREN tem precedência. Após o relógio do último bit de dados em série, os dados recebidos no Registo de Desvio de Receção (RSR) são transferidos para o registo RCREG (se estiver vazio). Quando a transferência estiver concluída, o bit de sinalização de interrupção RCIF é definido. A interrupção efectiva pode ser activada/desactivada definindo/apagando o bit de ativação RCIE. O bit de sinalização RCIF é um bit só de leitura que é apagado pelo hardware. Neste caso, é apagado quando o registo RCREG tiver sido lido e estiver vazio. O RCREG é um registo de buffer duplo, ou seja, é um FIFO de duas profundidades. É possível que dois bytes de dados sejam recebidos e transferidos para o FIFO RCREG e que um terceiro byte comece a ser transferido para o registo RSR.

No relógio do último bit do terceiro byte, se o registo RCREG ainda estiver cheio, então o bit de erro de ultrapassagem, OERR (RCSTA<1>), é definido e a palavra no RSR é perdida. O registo RCREG pode ser lido duas vezes para recuperar os dois bytes no FIFO. O bit OERR tem de ser apagado por software (apagando o bit CREN). Se o bit OERR estiver definido, as transferências do RSR para o RCREG são inibidas, pelo que é essencial limpar o bit OERR se estiver definido. O 9º bit de receção é armazenado em buffer da mesma forma que os dados de receção. A leitura do registo RCREG carregará o bit RX9D com um novo valor, pelo que é essencial que o utilizador leia o registo RCSTA antes de ler o RCREG para não perder a informação antiga (anterior) no bit RX9D.

Passos a seguir na configuração de uma Receção Mestre Síncrona:

1. Inicializar o registo SPBRG para a taxa de baud apropriada. (Subsecção **3 "Gerador de taxa de baud USART (BRG)"**)
2. Ativar a porta série mestre síncrona definindo os bits SYNC, SPEN e CSRC.
3. Assegurar-se de que os bits CREN e SREN estão limpos.
4. Se forem desejadas interrupções, definir o bit RCIE.
5. Se se pretender uma receção de 9 bits, definir o bit RX9.
6. Se for necessária uma única receção, definir o bit SREN. Para uma receção contínua, definir o bit CREN.
7. O bit RCIF será definido quando a receção estiver concluída e será gerada uma interrupção se o bit RCIE estiver definido.
8. Ler o registo RCSTA para obter o nono bit (se ativado) e determinar se ocorreu algum erro durante a receção.
9. Ler os dados recebidos de 8 bits através da leitura do registo RCREG.
10. Se tiver ocorrido algum erro, apague o erro apagando o bit CREN.

Tabela 5.2 Registos associados à receção do mestre síncrono

Nome	Bit 7	Bit 6	Bit 5	Bit 4	Bit 3	Bit?	Bit 1	BitO	Valor em: POR, BOR	Valor em todas as outras Reposições
PIR	RCIF(1)								0	0
RCSTA	SPEN	RX9	SREN	OREN	-	FERR	OERR	RX9D	0000 -OOx	0000 -OOx
RCREG	RX7	RX6	RX5	RX4	RX3	RX2	RX1	RXO	0000 0000	0000 0000
PIE	RCIE <'>								0	0
TXSTA	CSRC	TX9	TXEN	SINCRONIZA-ÇÃO		BRGH	TRMT	TX9D	0000 -010	0000 -010
SPBRG	Registo do gerador de taxa de baud								0000 0000	0000 0000

Legenda: x = desconhecido, - = não implementado, lido como "0".
As células sombreadas não são utilizadas para a Receção Mestre Síncrona.
Nota 1: A posição deste bit depende do dispositivo.

Figura 5.3 Receção síncrona (modo principal, SREN):

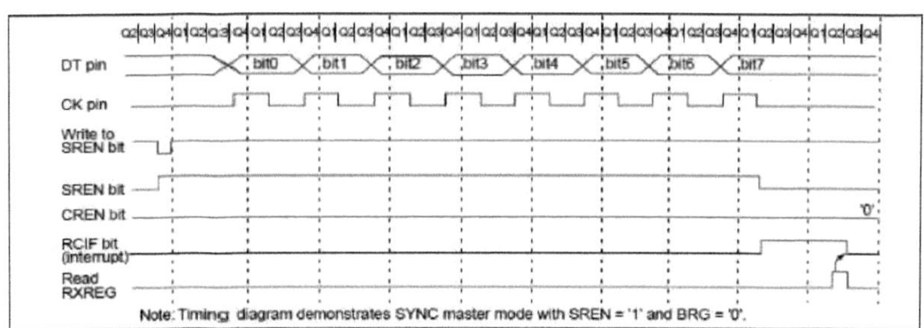
DT pin
bit0
bit1
bit2
bit3
bit4
bit5
bit6
bit7
CK pin
Write to SREN bit
SREN bit
CREN bit
'0'
RCIF bit (interrupt)
Read RXREG
Note: Timing diagram demonstrates SYNC master mode with SREN = '1' and BRG = '0'.

CAPÍTULO-6

Modo escravo síncrono USART

O modo escravo síncrono difere do modo mestre pelo facto de o relógio de mudança ser fornecido externamente no pino TX/CK (em vez de ser fornecido internamente no modo mestre). Isto permite que o dispositivo transfira ou receba dados enquanto está no modo SLEEP. O modo escravo é ativado apagando o bit CSRC (TXSTA<7>).

6.1 USARTS Transmissão síncrona de escravo:

A operação dos modos mestre e escravo síncronos é idêntica, exceto no caso do modo SLEEP. Se duas palavras forem escritas no TXREG e depois a instrução SLEEP for executada, ocorrerá o seguinte:

a) A primeira palavra será imediatamente transferida para o registo TSR e transmitida.

b) A segunda palavra permanecerá no registo TXREG.

c) O bit de sinalização TXIF não será definido.

d) Quando a primeira palavra tiver sido deslocada para fora do TSR, o registo TXREG transferirá a segunda palavra para o TSR e o bit de sinalização TXIF será agora definido.

e) Se o bit de ativação TXIE estiver definido, a interrupção despertará o chip de SLEEP e, se a interrupção global estiver activada, o programa passará para o vetor de interrupção (0004h).

Passos a seguir para configurar uma transmissão síncrona de escravos:

1. Ativar a porta série escrava síncrona definindo os bits SYNC e SPEN e eliminando o bit CSRC.
2. Apagar os bits CREN e SREN.
3. Se forem desejadas interrupções, defina o bit de ativação TXIE.
4. Se se pretender uma transmissão de 9 bits, definir o bit TX9.
5. Ativar a transmissão definindo o bit de ativação TXEN.
6. Se for selecionada a transmissão de 9 bits, o nono bit deve ser carregado no bit TX9D.
7. Iniciar a transmissão carregando dados para o registo TXREG.

Tabela 6.1 Registos associados ao escravo síncrono
Transmissão:

Nome	Bit?	Bit 6	Bit 5	Bit 4	Bit 3	Bit 2	Bit 1	Bit [I	Valor em: POR. BOR	Valor em todas as outras Reposições
PIR	TXIF[11]								Ö	0
RCSTA	SPEN	RX9	SREN	CREN	-	FERR	OERR	RX9D	0000 -OOx	0000 -OOx
TXREG	1X7	TX6	1X5	TX4	TX3	TX2	1X1	TXO	0000 0000	0000 0000
PIE				TXIE					Ö	0
TXSTA	CSRC	1X9	TXEN	SINCRONIZAÇÃO	-	BRGH	TRMT	TX9D	0000 -010	0000 -010
SPBRG	Registo do gerador de taxa de baud								0000 0000	0000 0000

Legenda: x = desconhecido, - = não implementado, lido como "0".
As células sombreadas não são utilizadas para a transmissão síncrona de escravos.
Nota 1: A posição deste bit depende do dispositivo.

6.2 Receção do escravo síncrono USARTS:

O funcionamento dos modos mestre e escravo síncronos é idêntico, exceto no caso do modo SLEEP. Além disso, o bit SREN é um "don't care" no modo slave.

Se a receção for activada, definindo o bit CREN, antes da instrução SLEEP, então uma palavra pode ser recebida durante o SLEEP. Ao receber completamente a palavra, o registo RSR transferirá os dados para o registo RCREG e, se o bit de ativação RCIE estiver definido, a interrupção gerada despertará o chip do SLEEP.

Se a interrupção global estiver activada, o programa irá desviar para o vetor de interrupção (0004h).

Passos a seguir para configurar uma Receção de Escravo Síncrono:

1. Ativar a porta série mestre síncrona definindo os bits SYNC e SPEN e eliminando o bit CSRC.
2. Se forem desejadas interrupções, definir o bit de ativação RCIE.
3. Se se pretender uma receção de 9 bits, definir o bit RX9.

4. Para ativar a receção, definir o bit de ativação CREN.

5. O bit RCIF será definido quando a receção estiver concluída e será gerada uma interrupção, se o bit RCIE tiver sido definido.

6. Ler o registo RCSTA para obter o nono bit (se ativado) e determinar se ocorreu algum erro durante a receção.

7. Ler os dados recebidos de 8 bits através da leitura do registo RCREG.

8. Se tiver ocorrido algum erro, elimine o erro apagando o bit CREN.

Tabela 6.2: Registos associados à receção síncrona de escravos:

Nome	Bit?	Bit 6	Bit 5	Bit 4	Bit 3	Bit 2	Bit1	Bito	Valor em: POR, BOR	Valor em todas as outras Reposições
PIR	RCIFf'1								0	0
RCSTA	SPEN	RX9	SREN	OREN	-	FERR	OERR	RX9D	0000 -OOx	0000 -OOx
RCREG	RX7	RX6	RX5	RX4	RX3	RX2	RX1	RXD	0000 0000	0000 0O00
PIE	RCIE<[1] >								0	0
TXSTA	CSRC	TX9	TXEN	SINCRONIZAÇÃO	-	BRGH	TRMT	TX9D	0000 -010	0000 -O 10
SPBRG	Registo do gerador de taxa de baud								0000 0000	0000 0O00

Legenda: x = desconhecido, - = não implementado, lido como "0".
As células sombreadas não são utilizadas para a Receção Síncrona de Escravo.
Nota 1: A posição deste bit depende do dispositivo.

CAPÍTULO-7
INTIALIZAÇÃO

Exemplo 2: é uma rotina de inicialização para o modo transmissor/recetor assíncrono. O exemplo 3 é para o modo síncrono. Em ambos os exemplos os dados são de 8 bits, e o valor a carregar no registo SPBRG depende da taxa de transmissão desejada e da frequência do dispositivo.

Exemplo 2 ***Transmissor/recetor assíncrono***

```
BSF    STATUS,RP0       ; Go to Bank1
MOVLW  <baudrate>       ; Set Baud rate
MOVWF  SPBRG
MOVLW  0x40             ; 8-bit transmit, transmitter enabled,
MOVWF  TXSTA            ; asynchronous mode, low speed mode
BSF    PIE1,TXIE        ; Enable transmit interrupts
BSF    PIE1,RCIE        ; Enable receive interrupts
BCF    STATUS,RP0       ; Go to Bank 0
MOVLW  0x90             ; 8-bit receive, receiver enabled,
MOVWF  RCSTA            ; serial port enabled
```

Exemplo 3 Emissor/recetor síncrono

```
BSF    STATUS,RP0       ; Go to Bank 1
MOVLW  <baudrate>       ; Set Baud Rate
MOVWF  SPBRG
MOVLW  0xB0             ; Synchronous Master,8-bit transmit,
MOVWF  TXSTA            ; transmitter enabled, low speed mode
BSF    PIE1,TXIE        ; Enable transmit interrupts
BSF    PIE1,RCIE        ; Enable receive interrupts
BCF    STATUS,RP0       ; Go to Bank 0
MOVLW  0x90             ; 8-bit receive, receiver enabled,
MOVWF  RCSTA            ; continuous receive, serial port enabled
```

Dicas de design:

Pergunta 1: Utilizando o modo assíncrono, estou a receber muitos erros de transmissão.

Resposta 1:

As razões mais comuns são

1. Está a utilizar o modo de alta velocidade (BRGH está definido) num dos dispositivos que tem uma errata para este modo (PIC16C65/65A/73/73A/74/74A).
2. Calculou incorretamente o valor a carregar no registo SPBRG
3. A soma dos erros de baud do transmissor e do recetor é demasiado elevada.

Exemplo

CAPÍTULOP-8

Interrupções de Tx e Rx

Para enviar e receber os dados são utilizadas 2 interrupções; uma é uma interrupção de alta prioridade que trata do preenchimento da memória intermédia Rx com os dados recebidos e a outra é uma interrupção de baixa prioridade que trata do envio dos dados armazenados na memória intermédia Tx. A interrupção Rx é acionada pela condição de interrupção RCIF (indicando que um byte está à espera) e a interrupção Tx é baseada no tempo (e é chamada 20 vezes por segundo). A interrupção Tx é também utilizada para atualizar um temporizador ACK, que é utilizado pela camada de dados para cronometrar os quadros ACK (está incluído na camada física por conveniência de codificação, mas pertence realmente ao nível superior). Como se pode ver acima, se ocorrer uma condição de excesso (outro byte é recebido antes de o atual ter sido lido), a condição é automaticamente eliminada (mas pelo menos um byte é perdido). Além disso, se o buffer cíclico Rx transbordar, o firmware simplesmente descarta os bytes até que haja espaço novamente. A camada física também fornece uma função de reinicialização que limpa os buffers Tx e Rx.

Durante a leitura ou escrita dos buffers, as interrupções Tx e Rx são temporariamente desactivadas. Isto evita a possibilidade de duas actualizações simultâneas dos buffers.
O tamanho ideal dos buffers Tx e Rx depende da RAM disponível, bem como da quantidade de dados esperados da camada superior (especialmente em torno de quão "rebentados" serão os dados). Devido à natureza de "rajada" de um algoritmo ARQ de retorno-N, a memória intermédia de receção deve ter aproximadamente o mesmo tamanho que a janela de transmissão global.

Por exemplo, se o tamanho da carga útil do pacote é de 32 bytes e a sobrecarga é de 7 bytes com um tamanho de janela de 3, a memória intermédia deve ser de (32+7) * 3 = 117 bytes no mínimo até um máximo de (64+7) * 3 = 213 bytes se se esperar muito byte stuffing nas frames (o byte stuffing é abordado na secção de ligação de dados abaixo). O buffer Tx é menos problemático. Quanto mais baixo ele for, mais a pilha terá que esperar, causando uma menor utilização dos BPS (bits por segundo) disponíveis da USART.

Apêndice 1: Programação do gerador de relógio

```
module clock_gen(clk,reset_n,baud_val,baud_clock,xmit_pluse);

input clk,reset_n;

input baud_val[15:0];

output baud_clock,xmit_pulse;

wire baud_cntr[15:0];

wire baud_clock_int;

wire baud_cntr[15:0];

wire xmit_cntr[3:0];

always @ (posedge clk,reset_n)

begin

 if(reset_n=0) then

      baud_cntr="0000000000000000";

      baud_clock_int = 0;

                 //else if(clk'event and clk='1') then

                   else if(baud_cntr = "0000000000000000") then

                     baud_cntr <= baud_val;
```

```
            baud_clock_int <= '1';
          else
            begin
            baud_cntr <= baud_cntr - '1';
            baud_clock_int <= '0';
          end ;
        //end if;
      end ;
--baud_clock_int <= '1' when baud_cntr = "0000000000000000" else
--        '0';
------------------------------------------------
-- generate a transmit clock pulse
------------------------------------------------
make_xmit_clock: always @ (posedge clk,reset_n)
        begin
          if(reset_n = '0') then
            xmit_cntr = "0000";
```

```
xmit_clock = '0';
//else if(clk'event and clk='1') then
else
  if(baud_clock_int = '1') then
   xmit_cntr <= xmit_cntr + '1';
  if(xmit_cntr = "1111") then
   xmit_clock <= '1';
  else
   xmit_clock <= '0';
 end ;
end ;
end ;
end ;

xmit_pulse <= xmit_clock and baud_clock_int;
baud_clock <= baud_clock_int;
endmodule;
```

Apêndice 2: Programação da SCC

```
Module
scc(reset_n,clk,wr_rx,read_rx,scc_Data_in,sccrx,baud_val,bit8,parity_
en,odd_n_even,parity_err,overflow,txrdy,receive_full,scc_data_out,sc
ctx);


    input
    reset_n,clk,wr_rx,read_rx,sccrx,bit8,parity_en,odd_n_even;
    input [15:0] baud_val;
    input  [7:0] scc_Data_in;

    output parity_err,overflow,txrdy,receive_full,scctx;
    output [7:0] scc_data_out;

    wire parity_err,overflow,txrdy,receive_full,scctx;
    wire [7:0] scc_data_out;

    wire    xmit_pulse;                  // transmit pulse
     wire     baud_clock ;               // 8x baud clock pulse
    wire     rst_tx_empty ;                // reset transmit empty
    reg  [7:0]  tx_hold_reg; // transmit byte hold register
     wire     read_rx_byte ;              // read rx byte register
     wire   [7:0]  rx_byte ;
    reg SYNCHRONOU;
```

```
always @ (posedge clk or reset_n)
begin
if(reset_n ==0)
   tx_hold_reg <= "00000000";

   if(wr_rx==1 )
     tx_hold_reg <= scc_Data_in;



end

assign rst_tx_empty = wr_rx;
assign scc_data_out = rx_byte;
assign read_rx_byte = read_rx;

//make_CLOCK_GEN :
   Clock_gen                                            c1
(clk,reset_n,baud_val,baud_clock,xmit_pulse);

//make_TX :
   Tx_async                  tx1                  (clk,xmit_pulse
,reset_n,rst_tx_empty,tx_hold_reg ,
bit8,parity_en ,odd_n_even ,txrdy ,SCCtx );

//make_RX :
   Rx_async    rx1   (clk   ,baud_clock,reset_n,   bit8,parity_en
,odd_n_even,
                    read_rx_byte, SCCrx,overflow    , parity_err,
                    receive_full , rx_byte);

 endmodule
```

Apêndice 3: Programação do emissor

```
Module
Tx_async(clk,xmit_pulse,reset_n,rst_tx_empty,tx_hold_reg,bit8,parity
_en,odd_n_even,txrdy,scctx);

input clk,xmit_pulse,reset_n,rst_tx_empty,bit8,parity_en,odd_n__even;

input tx_hold_reg[7:0];

output txrdy,scctx;

wire txrdy,scctx;

------wire

wire xmit_state;

wire txrdy_int;

wire tx_byte[7:0];

wire xmit_bit_sel[7:0];

wire tx_parity;

wire set_rdy;

always @ (posedge clk,reset_n)

begin
```

```
if(reset_n=0)

txrdy_int <= '1';

else

//elsif (clk'event and clk = '1') then

// if(xmit_pulse = '1') then

// set transmit empty after transition from stop_bit state //to idle state

//  if (xmit_state = tx_load) then

//--      txrdy_int <= '1';

//--    end if;

//--  end if;

  if(set_rdy = '1')

   txrdy_int <= '1';

  end ;


  if(rst_tx_empty = '1')

   txrdy_int <= 'O';

  end;
```

```
end ;

end;

xmit_sm  :  -- transmit state machine

------------------------------------------------------------------------

always @ (posedge clk, reset_n)

begin

if (reset_n = 0)

   xmit_state  <= tx_idle;

   tx_byte     <= (others => '0');

//elsif (clk'event and clk = '1') then

else

  if(xmit_pulse = 1)

        case xmit_state is

            when tx_idle    => if(txrdy_int = 0)

                              xmit_state <= tx_load;

                             else

                              xmit_state <= tx_idle;
```

```
end ;

when tx_load    => tx_byte <= tx_hold_reg;

            xmit_state <= start_bit;

when start_bi   => xmit_state <= tx_data_bits;


when tx_data_bits  => if(BIT8= 1)

            if (xmit_bit_sel = "0111")

            if(parity_en = '1')

            xmit_state <= parity_bit;

            else

            xmit_state <= tx_stop_bit;

            end ;

             else

            xmit_state <= tx_data_bits;

             end;

else if (xmit_bit_sel = "0110")

            if(parity_en = '1')
```

```
xmit_state <= parity_bit;
  else
 xmit_state <= tx_stop_bit;
  end ;
    else
xmit_state <= tx_data_bits;
    end;
     end ;
when parity_bit    => xmit_state <= tx_stop_bit;
when tx_stop_bit   => xmit_state <= tx_idle;
when others        => xmit_state <= tx_idle;
end case;
end;
end ;
end ;
--------------------------------------------------------------------------------
xmit_cnt  :  -- transmit bits counter
```

```
------------------------------------------------------------------------

always @ (posedge clk, reset_n)

begin

if (reset_n = 0)

   xmit_bit_sel <= "0000";

//elsif (clk'event and clk = '1') then

else

if(xmit_pulse = 1)

   if (xmit_state != tx_data_bits)

      xmit_bit_sel <= "0000";

   else

      xmit_bit_sel <= xmit_bit_sel + '1';

   end ;

  end ;

end ;

end ;
```

```
--------------------------------------------------------------------------

xmit_sel  :  -- transmit data mux

--------------------------------------------------------------------------

always @  (posedge clk, reset_n)

begin

if (reset_n = 0)

   SCCtx = 1;

set_rdy=0;

//elsif (clk'event and clk = '1') then

else

set_rdy<=0;

  if(xmit_pulse = 1)

    case xmit_state is

        when tx_idle       => SCCtx <= 1;

        when tx_load       => SCCtx <= 1;

  when start_bit     => SCCtx <= 0;
```

```
      when          tx_data_bits                 =>          SCCtx          <=
tx_byte(conv_integer(xmit_bit_sel(2 Downto 0)));

      when parity_bit   => SCCtx <= ODD_N_EVEN xor tx_parity;

      --when parity_bit    => if(ODD_N_EVEN = '1') then

      --                   SCCtx <= not tx_parity;

      --                  else

      --                   SCCtx <= tx_parity;

      --                  end if;

      when tx_stop_bit   => SCCtx <= 1;

set_rdy<=1;

      when others    => SCCtx <= 1;

set_rdy<=0;

    end case;

  end ;

end ;

end ;

-------------------------------------------------------------------------------
```

```
xmit_par_calc : -- transmit even or odd parity calculation

-----------------------------------------------------------------------------

always @ (posedge clk, reset_n)

begin

if (reset_n = 0)

  tx_parity <= 0;

//elsif (clk'event and clk = '1') then

else  if(xmit_pulse = 1 && PARITY_EN = 1)

   if (xmit_state = tx_data_bits)

     tx_parity                    =                    tx_parity                    xor
tx_byte(conv_integer(xmit_bit_sel[2:0]));

   else   tx_parity <= tx_parity;

   end if;

  end if;

  if(xmit_state = tx_stop_bit) then

   tx_parity <= 0;

  end ;

end ;

end ;

txrdy <= txrdy_int;

endmodule;
```

Apêndice 4: Programação do recetor

```
Module rx_asnyc
(clk,baud_clock,reset_n,bit8,parity_en,odd_n_even,read_rx_byte,sccr
x,overflow,parity_err,receive_full,rx_byte);

input
clk,baud_clock,reset_n,bit8,parity_en,odd_n_even,read_rx_byte,sccrx
;

output  overflow,parity_err,receive_full;

output rx_byte[7:0];

wire  overflow,parity_err,receive_full;

wire  rx_byte[7:0];

type receive_states  is (rx_idle, rx_data_bits, rx_stop_bit);

wire rx_state         : receive_states;              -- receive state machine

wire receive_count[3:0];//  -- counts bits received

wire rx_filtered;//                     -- filtered rx data

wire rx_shift[8:0];// -- receive shift register

wire rx_parity_calc,clearParity;//                      -- received parity,
calculated
```

```
wire rx_bit_cnt[3:0]  ;//  -- count of received bits

wire receive_full_int ;//                    -- receiver has a byte ready

wire samples [2:0];

wire overflow_int  ;

wire shift_choice  [1:0];

wire parity_choice [1:0];

wire last_bit [3:0];

//process(clk,reset_n)

always @(clk,reset_n)

begin

if (reset_n ==0)

     samples <= 000;

//elsif (clk'event and clk = '1') then

else if(baud_clock ==1)

   samples[1:0] = samples[2:1];

   samples[2] <= SCCrx;

  end ;
```

```
end ;

end ;


//process(samples)

always @(samples)

begin

-- our voter

case samples is

    when "000"  => rx_filtered <= '0';

    when "001"  => rx_filtered <= '0';

    when "010"  => rx_filtered <= '0';

    when "011"  => rx_filtered <= '1';

    when "100"  => rx_filtered <= '0';

    when "101"  => rx_filtered <= '1';

    when "110"  => rx_filtered <= '1';

    when others  => rx_filtered <= '1';

 end case;
```

```
end ;

--------------------------------------------------------------------------

rcv_cnt  :  -- receive bit counter

--------------------------------------------------------------------------

//process (clk, reset_n)

always @(clk,reset_n)

begin

if (reset_n = 0)

   receive_count <= 0000;

//elsif (clk'event and clk = '1') then

  else if(baud_clock == 1)

-- no start bit yet or begin sample period for data

   if (rx_state == rx_idle) && (rx_filtered == 1 || receive_count == 1000)

      receive_count <=0000;

   else
```

```
        receive_count <= receive_count + 1;

    end ;

  end ;

end ;

end ;


----------------------------------------------------------------------------

make_overflow :  -- registering of the overflow signal

----------------------------------------------------------------------------

//process(clk, reset_n)

always @(clk,reset_n)

begin

  if(reset_n == 0)

    overflow <= 0;

  //elsif(clk'event and clk='1') then

    else if(baud_clock ==1)

      if(overflow_int ==1 )
```

```
        overflow <= 1;
      //end ;
    end ;
    if(read_rx_byte == 1)
     overflow <= 0;
    //end if;
  end ;
end ;

last_bit <= "0111" when BIT8='0' and PARITY_EN='0' else
           "1000" when BIT8='0' and PARITY_EN='1' else
           "1000" when BIT8='1' and PARITY_EN='0' else
           "1001";
------------------------------------------------------------------------
rcv_sm : -- receive state machine & byte register
------------------------------------------------------------------------
//process (clk, reset_n)
```

```
always@(clk,reset_n)

begin

if (reset_n == 0)

   rx_state  <= rx__idle;

   rx_byte   <= 00000000;

   overflow_int  <= '0';

//elsif (clk'event and clk = '1') then

  else if(baud_clock == 1)

   overflow_int <= 0;

   case rx_state is

      when rx_idle      =>  if (receive_count == 1000)

                              rx_state <= rx_data_bits;

                           else

                              rx_state <= rx_idle;

                           end ;

      when rx_data_bits =>

            if (rx__bit_cnt == last_bit)//    -- last bit has been received
```

```
rx_state = rx_stop_bit;

-- if receive_full is still active at this point, then overflow

overflow_int = receive_full_int;

if (receive_full_int == 0)

rx_byte <= {(BIT8 &&rx_shift[7]),
rx_shift[6:0]};

end ;

else

rx_state <= rx_data_bits; // -- still clocking in
bits

end ;

when rx_stop_bit =>

if (receive_count == 1111)

rx_state <= rx_idle;

else

rx_state <= rx_stop_bit;

end ;

when others => rx_state <= rx_idle;
```

```
  end case;
 end ;
end ;
end ;

shift_choice <= {BIT8,parity_en}
-----------------------------------------------------------------------------
receive_shift  :  -- receive shift register and parity calculation
-----------------------------------------------------------------------------
//process (clk, reset_n)
always@(posedge clk,reset_n)
begin
if (reset_n == 0)
   rx_shift[8 :0] <= 000000000;
   rx_bit_cnt <= 0000;
//elsif (clk'event and clk = '1') then
  else if(baud_clock == 1)
```

```
if (rx_state == rx_idle)
   rx_shift[8:0] <= 000000000;
   rx_bit_cnt <= 0000;
else if (receive_count = 1111)
   rx_bit_cnt <= rx_bit_cnt + 1;
   //-- sample new data bit
   case shift_choice is
     when "00"   =>
                 rx_shift[5:0] <= rx_shift[6:1];
                 rx_shift[6]        <= rx_filtered;
     when "11"   =>
                 rx_shift[7:0] <= rx_shift[8 :1];
                 rx_shift[8]        <= rx_filtered;
     when others =>
                 rx_shift[6 :0] <= rx_shift[7:1];
                 rx_shift[7]        <= rx_filtered;
   end case;
```

```
   end ;
  end ;
end ;
end ;
-----------------------------------------------------------------------------
rx_par_calc : -- receiver parity calculation
-----------------------------------------------------------------------------
//process(clk, reset_n)
always @(clk,rteset_n)
begin
  if(reset_n == 0)
    rx_parity_calc <= 0;
  //elsif(clk'event and clk = '1') then
    else if(baud_clock == 1)
      if(receive_count = 1111 && PARITY_EN = 1)
        rx_parity_calc <= rx_parity_calc xor rx_filtered;
      end ;
```

```
    if(rx_state == rx_stop_bit)
      rx_parity_calc <= 0;
    end ;
    end ;
  end ;
end ;
parity_choice <= {BIT8, ODD_N_EVEN};
---------------------------------------------------------------------------
make_parity_err : -- latch parity error for even or odd parity
---------------------------------------------------------------------------
//process(clk, reset_n)
always @(posedge clk or reset_n)
begin
  if(reset_n ==0) then
    parity_err <= 0;
        clearParity<=0;
 // elsif(clk'event and clk = '1') then
```

```
 else  if(baud_clock == 1 && PARITY_EN = 1 && receive_count =
1111)

   case parity_choice is

    when "00"   =>

               if(rx_ bit_cnt == 0111)

                parity_err <=  rx_parity_calc xor rx_filtered;

               end ;

    when "01"   =>

               if(rx_ bit_cnt == 0111)

                parity_err <= not (rx_parity_calc xor rx_filtered);

               end ;

    when "10"   =>

               if(rx_ bit_cnt == 1000)

                parity_err <=  rx_parity_calc xor rx_filtered;

                end ;

    when others =>

               if(rx_ bit_cnt == 1000)
```

```
                    parity_err <= not (rx_parity_calc xor rx_filtered);
                  end ;
      end case;
    end ;
 clearParity<= read_rx_byte;
    if(clearParity == 1)
       parity_err <= 0;
     end ; end ;
end ;
------------------------------------------------------------------------
receive_full_indicator : -- receive full indicator process
------------------------------------------------------------------------
//process (clk, reset_n)
always @(clk,reset_n)
begin
if (reset_n == 0)
    receive_full_int  <= 0;
```

```
//elsif (clk'event and clk = '1') then

else if(baud_clock == 1)

//      -- last bit has been received

  if(BIT8==1)

   if(PARITY_EN == 1)

    if (rx_bit_cnt == 1001 && rx_state == rx_data_bits)

      receive_full_int <= 1;

    end ;

  else

    if (rx_bit_cnt == 1000 && rx_state == rx_data_bits)

      receive_full_int <= 1;

    end ;

   end ;

  else

   if(PARITY_EN == 1)

    if (rx_bit_cnt == 1000 && rx_state == rx_data_bits)

      receive_full_int <= 1;
```

```
        end if;
      else
        if (rx_bit_cnt = 0111 && rx_state == rx_data_bits)
          receive_full_int <= 1;
        end ;
      end ;
    end ;
  end ;
  if(read_rx_byte ==1)
    receive_full_int <= 0;
  end ;
end ;
end;
receive_full <= receive_full_int;
endmodule;
```

BIBLIOGRAFIA

Vos, N., Van, D. M. H., & Denessen, E. (1 de janeiro de 2011). Effects of constructing versus playing an educational game on student motivation and deep learning strategy use. *Computadores e Educação, 56,* 1, 127-137.

Prensky, M. (1 de janeiro de 2002). A motivação do jogo: A verdadeira revolução da aprendizagem no século XXI. *On the Horizon - o recurso de planeamento estratégico para profissionais da educação, 10,* 1, 511.

Squire, K. (2005). *Aprendizagem baseada em jogos: Present and future state of the field.* Saratoga Springs, NY: MASIE Center e-Learning CONSORTIUM.

Shelton, B. E., & Wiley, D. A. (2007). *The design and use of simulation computer games in education.* Roterdão: Sense Publishers.

Sun, P.-C., Tsai, R. J., Finger, G., Chen, Y.-Y., & Yeh, D. (1 de janeiro de 2008). What drives a successful e-Learning? An empirical investigation of the critical factors influencing learner satisfaction. Computadores e Educação, 50, 4, 1183.

Peetsma, T., & van, . V. I. (1 de janeiro de 2011). Relações entre o desenvolvimento da perspetiva de tempo futuro em três domínios da vida, o investimento na aprendizagem e o desempenho académico. *Aprendizagem e Instrução, 21,* 3, 481-494.

Bembenutty, H., & Karabenick, S. A. (01 de janeiro de 2004). Associação Inerente entre Atraso de Gratificação Académica, Futuro
Perspetiva temporal e aprendizagem auto-regulada. *Educational Psychology Review, 16,* 1, 35-57.

Mitchell, C. W. (1974). *Utilização de escalas de auto-realização como fator de previsão do sucesso académico em alunos com fraco aproveitamento escolar.*

Worrell, F., & Mello, Z. (01 de janeiro de 2007). A fiabilidade e a validade dos resultados do Inventário de Perspetiva Temporal de Zimbardo em adolescentes com talento *académico* .
Psychological Measurement, 67, 3, 487-504.

Fortunato, V. J., & Furey, J. T. (01 de março de 2010). The Theory of MindTime: The relationships between thinking perspective and time perspective. *Personality and Individual Differences, 48,* 4, 436-441.

Eren, A. (1 de janeiro de 2009). Explorando os Efeitos das Mudanças na Perspetiva do Tempo Futuro e da Instrumentalidade Percebida no Desempenho Graduado. *Revista eletrónica de investigação em psicologia da educação, 7,* 3, 1217-1248.

Barber, L. K., Munz, D. C., Bagsby, P. G., & Grawitch, M. J. (01 de janeiro de 2009). Quando é que a perspetiva temporal é importante? O autocontrolo como moderador entre a perspetiva temporal e o desempenho académico. *Personality and Individual Differences, 46,* 2, 250253.

de, B. J., Vansteenkiste, M., & Lens, W. (1 de janeiro de 2011). Compreender a associação entre a perspetiva de tempo futuro e a aprendizagem auto-regulada através da lente da teoria da auto-determinação. *Learning and Instruction, 21,* 3, 332-344.

Dlaz-Morales, J. F. (01 de janeiro de 2006). Estructura fatorial y fiabilidad del Inventario de Perspetiva Temporal de Zimbardo. *Psicothema, 18,* 3, 565-71.

MIX
Papier aus verantwortungsvollen Quellen
Paper from responsible sources
FSC® C105338

Printed by Books on Demand GmbH, Norderstedt / Germany